Sitzungsberichte
der Akademie der Wissenschaften
der DDR
Mathematik – Naturwissenschaften – Technik

4N

1982

Peter Mauersberger

Irreversibilität in der Hydrologie

AKADEMIE-VERLAG · BERLIN

Sitzungsberichte
der Akademie der Wissenschaften
der DDR
Mathematik – Naturwissenschaften – Technik

Jahrgang 1982 · Nr. 4/N

Peter Mauersberger

Irreversibilität in der Hydrologie

AKADEMIE-VERLAG · BERLIN
1982

Vortrag von Prof. Dr. rer. nat. habil.
Peter Mauersberger, Leiter des Bereiches Hydrologie des Institutes für Geographie und Geoökologie der Akademie der Wissenschaften der DDR, gehalten am 12. März 1981 in der Klasse Geo- und Kosmoswissenschaften

Herausgegeben im Auftrage
des Präsidenten der Akademie
der Wissenschaften der DDR
von Vizepräsident Prof. Dr. Heinrich Scheel

ISSN 0138-3956
Erschienen im Akademie-Verlag, DDR-1086 Berlin, Leipziger Str. 3-4

Lizenznummer: 202 · 100/59/82
Gesamtherstellung: VEB Druckhaus Köthen
Bestellnummer: 7630843 (2010/82/4/N) · LSV 1465
Printed in GDR
DDR 3,— M

Inhalt

Teil I: Die fundamentale Rolle irreversibler Prozesse in der Hydrosphäre

1. Einleitung

Irreversibilität ist charakteristisch für die Prozesse, welche die verfügbare Wassermenge und ihre Beschaffenheit bestimmen. Dies gilt sowohl für die Prozesse im Gewässer als auch für die Wechselwirkungen zwischen den Gewässern und ihrer Umgebung.

Irreversible Prozesse definieren wir als Vorgänge, die sich auf keinerlei Weise vollständig, d.h. ohne Nebeneffekte rückgängig machen lassen. Es muß mindestens Energie zugeführt, meist aber auch ein Massenaustausch vorgenommen werden, um den irreversiblen Vorgang umzukehren.

Hydrologie definieren wir als die Wissenschaft vom Wasser auf und unter der Erdoberfläche des Festlandes. Sie untersucht Menge und Beschaffenheit des Wassers, seine Kreisläufe und Wechselwirkungen mit Natur und Gesellschaft. Unter dem Oberbegriff „Gewässer" fassen wir stehende oder fließende Oberflächengewässer und das unterirdische Wasser zusammen.

Prozesse in den Ozeanen und Nebenmeeren bleiben außerhalb der Betrachtungen, obwohl viele Aussagen über irreversible Vorgänge in Binnengewässern ohne prinzipielle Schwierigkeiten auf ozeanische Gewässer übertragen werden können. Auch können globale Wasserprobleme und der Einfluß von Klimaänderungen nur bei Untersuchung der ganzen Hydrosphäre und der Wechselwirkungen zwischen Hydro- und Atmosphäre erforscht werden. Klimaänderungen wirken nicht nur auf die Wassermengenverteilung, sondern auch auf die Wasserbeschaffenheit, welche unter anderem von den Temperatur- und Strahlungsverhältnissen stark abhängt. Hierauf kann an dieser Stelle jedoch nicht eingegangen werden.

Hingegen dürfen wir die Untersuchung der Wasserbeschaffenheit und der Wassermengen nicht trennen, weil die chemischen und biologischen Vorgänge im Gewässer untrennbar mit physikalischen Prozessen gekoppelt sind. Ebensowenig darf versucht werden, den Zustand und die Entwicklung der Gewässer verstehen und prognostizieren zu wollen, ohne die Wechselwirkungen mit der Umwelt einzubeziehen. Sowohl die „inneren" Prozesse im Gewässer als auch die Wechselwirkung mit der Umgebung verlaufen irreversibel. Irreversibilität ist typisch für die Objekte der hydrologischen Forschung.

Typische irreversible Prozesse in Gewässern sind Strömungen, Diffusion und turbulenter Austausch, Lichtextinktion, chemische Reaktionen, Primärproduktion, Massen- und Energieübertragung in der Nahrungskette, Exkretion, mikrobieller Abbau organischer Substanz bis zur Remineralisierung usw. Beispiele für natürlichen Energie- und Massenaustausch zwischen einem Oberflächengewässer und seiner Umgebung sind: Zufuhr solarer Strahlungsenergie, Windwellen, Gasaustausch mit der Atmosphäre, Verdunstung und Niederschlag, Zu- und Abfluß (verbunden mit Stoffzufuhr und Stoffabführung) sowie die Sedimentation, Aufwirbelung, Absorption und Desorption. Die Gesellschaft greift tief in die raum-zeitliche Verteilung des Wassers ein und erhöht die Stoffbelastung der Gewässer nicht nur der Quantität nach, sondern auch durch eine ständig wachsende, fast unübersehbare Anzahl „naturfremder" chemischer Verbindungen. Sie erzeugt damit einerseits eine Beschleunigung von Naturvorgängen (vgl. auch Abschn. 4), andererseits völlig neuartige Situationen für die aquatischen Ökosysteme (vgl. Abschn. 5), aber auch für die Wasserwirtschaft und Territorialplanung (vgl. Abschn. 2). Weil die irreversiblen Prozesse für den Zustand und die Entwicklung der Gewässer eine fundamentale Rolle spielen (Abschn. 6), liegt es nahe, eine makroskopische Theorie auf der Basis der Thermodynamik irreversibler Prozesse aufzubauen (Abschn. 7ff.).

2. *Wechselwirkungen zwischen Gewässer und Gesellschaft*

Die Gewässer sind „offene Systeme", die in ständigem Massen- und Energieaustausch mit ihrer Umgebung stehen. Ihr Zustand und ihre Reaktionen auf veränderte Inanspruchnahme hängen entscheidend von diesem Austausch ab. Die Eigenschaften des Wasserkörpers und seine Entwicklung werden durch die realisierten bzw. möglichen Wechselwirkungen (Energie- und Stoffaustausch) mit der Umgebung geprägt. Sie können deshalb nicht losgelöst von diesen Wechselwirkungen untersucht bzw. vorhergesagt werden. Die Erforschung der Gewässer erfordert also nicht nur die Untersuchung der gekoppelten physikalischen, chemischen und biologischen Prozesse innerhalb des Wasserkörpers, sondern auch die volle Berücksichtigung des Energie- und Massenaustausches zwischen Gewässer und Umgebung. Eine wissenschaftlich fundierte Nutzung des Wassers kann dieses nicht mehr als „unabhängige" Ressource betrachten. Die Inanspruchnahme der Gewässer durch die Gesellschaft hat einen so hohen Grad erreicht, daß sie zu einem wichtigen Glied der Produktions- und Reproduktionsprozesse geworden sind. Die Gewässernutzung muß deshalb voll in die Territorial- und Entwicklungsplanung einbezogen werden, um das Versorgungsrisiko für Bevölkerung, Industrie und Landwirtschaft hinreichend klein zu halten.

Die Gewässer und alle Wassernutzer eines bestimmten Gebietes, zum Beispiel eines Flußgebietes, bilden ein „Wasserbewirtschaftungssystem". Die engen Wechselwirkungen zwischen Wassermenge und Wasserbeschaffenheit einerseits und zwischen Gewässer und ihrer Umwelt andererseits verbieten, für

Wasserbewirtschaftungssysteme nur Wassermengenbilanzen aufzustellen, denen Aussagen über die derzeitige Wasserbeschaffenheit „angefügt“ werden. Irreversible Änderungen von Menge und Beschaffenheit des verfügbaren Wasserdargebotes können nur in ihrem Zusammenhang erfaßt und als Folge sowohl „innerer“ Prozesse im Gewässer als auch der veränderten Wechselwirkung mit der Natur und Gesellschaft verstanden und prognostiziert werden. Hieraus resultieren auch Konsequenzen für die hydrologische und wasserwirtschaftliche Forschung, zum Beispiel setzt die Restaurierung eines hocheutrophen Sees voraus, daß Sanierungsmaßnahmen in „Schwerpunkten“ des Einzugsgebietes durchgeführt werden, um den Nährstoffimport in den See zu mindern. An welchen Stellen des Einzugsgebietes sind welche Maßnahmen erforderlich? Die Forschung kann sich nicht ausschließlich auf das Ökosystem des Sees beschränken, sondern muß auch den Einfluß des Einzugsgebietes in dem notwendigen Umfang erfassen. Im Einzugsgebiet sind bei Industrie, Landwirtschaft und im kommunalen Bereich Maßnahmen einzuleiten. Auch hierfür ein Beispiel: Die Verwendung von phosphathaltigen Vollwaschmitteln und deren unvorsichtiger Gebrauch haben dazu geführt, daß der Gehalt vieler Gewässer an Orthophosphat sich seit zwei bis drei Jahrzehnten etwa alle fünf Jahre verdoppelt. Parallel dazu erfolgte eine wachsende Steigerung der Eutrophierung, der Algenblüten und des Schwebstoffgehaltes mit Auswirkungen auf die Aufbereitbarkeit dieses Wassers zu Trinkwasser sowie auf die Nutzung dieser Gewässer für die Erholung der Menschen. Die Konzentrationen von Bioziden, aber auch von antibiotikaresistenten Bakterien nehmen zu. Zum Beispiel führte in den Jahren 1970/75 der Rhein in seinem Unterlauf 50000 t/a Total-P, von denen mindestens 85% anthropogen eingetragen werden. Weitere Zahlen sind: 32000 t/a Öle, 2000 t/a Phenole, 18000 t/a Detergenzien und 3000 t/a weitere Kohlenwasserstoffe, unter denen sich zahlreiche toxische Verbindungen befanden [1]. Messungen an dem Ivankower Stausee [2] ergaben, daß 60% des Phosphorgehaltes im kommunalen Abwasser aus Waschmitteln stammen, woraus die Forderung abgeleitet worden ist, ab 1985 in der Industrie keine phosphorhaltigen Detergentien zu verwenden. Die unaufschiebbare Aufgabe, Düngemittel auf landwirtschaftlichen Nutzflächen sowie Be- bzw. Entwässerungsmaßnahmen so einzusetzen, daß die Gewässerbelastung minimiert wird, sei ebenfalls genannt.

Die Gewässer eines Territoriums bzw. Wasserbewirtschaftungssystems werden nicht allein zur Wasserversorgung von Bevölkerung, Industrie und Landwirtschaft genutzt. Auch die Siedlungen, Industriebetriebe und landwirtschaftlichen Produktionsstätten sind „offene Systeme“, in denen irreversible Prozesse ablaufen, die auf Energie- und Stoffaustausch (in der Sprechweise der Thermodynamik auf „Entropieexport“) mit ihrer „Umgebung“ angewiesen sind. Neben der Atmosphäre werden die Gewässer in starkem, oft zu starkem Maße zur Aufnahme von Abwärme und Abstoffen herangezogen. Geschlossene Stoffkreisläufe in den Betrieben können und müssen die Situation entschärfen.

Diese starken Wechselwirkungen zwischen Gesellschaft und Gewässern müssen nicht nur bei Entscheidungen über wasserwirtschaftliche Maßnahmen und bei der Risikoeinschätzung für die Sicherheit der Wasserversorgung berücksichtigt werden. Die gesamte Territorial- und Entwicklungsplanung muß davon ausgehen, daß erstens die verfügbare Wassermenge begrenzt ist und zweitens die Wasserbeschaffenheit in einer unlösbaren Kopplung mit der Art und dem Umfang der Wassernutzung durch Bevölkerung und Produktion steht.

3. Maßnahmen gegen irreversible Prozesse in Gewässern

Die Gesellschaft steht unerwünschten irreversiblen Veränderungen in Gewässern nicht machtlos gegenüber. Die technischen Fähigkeiten und ökonomischen Möglichkeiten reichen aus, einen Teil der irreversiblen Prozesse zu kompensieren, d.h., einen unbedingt gewünschten Zustand in einem begrenzten Raum-Zeit-Bereich herzustellen bzw. zu bewahren. Dies erfordert den Einsatz hochwertiger Energie und in der Regel auch die Organisation eines geregelten Stoffaustausches mit der Umgebung.

Zum Beispiel kann man die Sauerstoffkonzentration in den tieferen Wasserschichten eines Sees oder einer Talsperre durch künstliche Belüftung oberhalb eines Grenzwertes halten. Man kann einen See „sanieren" durch die Entnahme des nährstoffreichen Tiefenwassers oder durch Entschlammung. Wenn dieses Wasser bzw. der Schlamm zur Düngung landwirtschaftlicher Nutzflächen verwendet werden kann und sich die Transportkosten in Grenzen halten, kann sich der „Nebeneffekt", der mit der technischen Kompensation irreversibler hydrologischer Prozesse verbunden ist, in diesem Falle auch ökonomisch günstig aus wirken.

Wir müssen stets sehr genau untersuchen, ob wir mit unseren technischen Maßnahmen die Ursachen oder nur die unerwünschten Folgeerscheinungen beseitigen, wobei die Situation dadurch erschwert wird, daß in der „Kausalkette" der irreversiblen Entwicklung ein und derselbe Vorgang zugleich Folgeerscheinung und Ursache für weiteres Geschehen sein kann und oft auch ist. Solche Ursache-Wirkungs-Beziehungen müssen nicht nur in der Wasserwirtschaft, sondern darüber hinaus bei volkswirtschaftlichen Planungen und Maßnahmen berücksichtigt werden, damit die finanziellen und materiellen Fonds aus gesamtgesellschaftlicher Sicht effektiv, d.h. auch an der richtigen Stelle eingesetzt werden. Meist handelt es sich nicht um kettenartige, sondern netzartige Zusammenhänge. In der Regel steigt der ökonomisch-technische Aufwand, der zur Behebung unerwünschter Veränderungen des Gewässerzustandes erforderlich ist, mit dem Ausmaß der Abweichung dieses Zustandes vom „ungestörten" Naturzustand. Gegenmaßnahmen gegen unerwünschte irreversible Zustandsänderungen sind so frühzeitig wie möglich zu ergreifen.

4. Irreversible Zustandsänderungen von Gewässern

Zwei Folgeerscheinungen irreversibler Prozesse, die genau genommen fast immer gekoppelt auftreten, mögen zunächst in „Extremfällen" getrennt besprochen werden: Erstens *führen irreversible Prozesse zu Zustandsänderungen, die überwiegend in einer Richtung verlaufen.* Als Beispiele können die natürliche Entwicklung von Seen und die Erosion im Oberlauf eines Flusses dienen. Andererseits *sind irreversible Prozesse im Wasserkörper und an seiner Berandung eine der Voraussetzungen für die Struktur und Aufrechterhaltung des Gewässerzustandes.* Als Beispiel nennen wir die Lebensprozesse im Gewässer und ihre Wechselwirkungen mit der abiotischen Umwelt, von denen die Wasserbeschaffenheit entscheidend abhängt (vgl. Abschn. 5).

Die Ontogenie der Mehrzahl der Seen auf der Welt durchläuft – kurz gesagt – folgende Phasen: In einem Frühstadium, in welchem die Nährstoffzufuhr begrenzt ist, entwickeln sich neben dem Phytoplankton zunehmend die submersen Makrophyten und epiphytischen Algen. Mit wachsendem autochtonem und allochtonem Nährstoffangebot kommt es zu einer maximalen Phytoplanktonproduktion, welche den Zutritt des Lichtes zu den submersen Makrophyten so stark schwächt, daß diese und die an ihnen haftenden Algen wesentlich zurückgehen, wodurch sich das Nährstoffangebot an das Phytoplankton weiter erhöht. Unter Naturbedingungen dehnt sich dann die emerse Vegetation des Litorals aus. Emerse Makrophyten werden vorherrschend. Das System erreicht die maximale Produktivität. Der vermehrte Anfall toter organischer Substanz aus Lignin- und Zellulosegeweben beschleunigt die Akkumulation organischen Materials im See und die Entwicklung emerser Pflanzengemeinschaften. Die Transpiration wird verstärkt. Die Ionen-Zusammensetzung und der pH-Wert ändern sich (von alkalisch-neutral zu sauer). Es folgt der Übergang zum „Feuchtgebiet" (Sumpf, Moor) und schließlich zu „terrestrischen Bedingungen", wobei die Primärproduktion steil abfällt. Die individuellen Abweichungen der Seen von diesem „allgemeinen" Verlauf sind erheblich und von großer Bedeutung für Forschung und Praxis. Teils sind sie naturbedingt, teils werden sie durch unterschiedliche gesellschaftliche Inanspruchnahme hervorgerufen.

Eine typische, irreversible Erscheinung bei Flüssen ist die Erosion. Die Begradigung eines Flußlaufs durch den Menschen führt zur Erhöhung der Strömungsgeschwindigkeit und dadurch zu verstärkter Erosion. Das Flußbett verlagert sich tiefer. In der Flußlandschaft sinkt der Grundwasserspiegel. Die Bodenfruchtbarkeit nimmt in der Regel infolge Austrocknung ab. Auenwälder können sich in Steppenheiden verwandeln. Fische verlieren ihren Lebensraum bzw. ihre Laichplätze. Ein Beispiel [3]: Die Begradigung des Rheins in der zweiten Hälfte des 19. Jahrhunderts erhöhte im Oberrhein die Strömungsgeschwindigkeit um etwa 30%, bewirkte eine wesentlich verstärkte Erosion und damit verbunden ein Absinken des Wasserspiegels um mehrere Meter, das sich als Grundwasserabsenkung in 3 km Entfernung vom Fluß noch in der

Größe von 4 m, extrem bis 15 m auswirkte. In der ersten Hälfte dieses Jahrhunderts ging der Fischfang auf 20% zurück, wozu auch die Beeinträchtigung der Wasserbeschaffenheit beitrug. Der Rheinlachs wurde zum „Fabeltier". In Südbaden zeigten 10000 ha, im Elsaß 80000 ha Kulturfläche deutliche Versteppungserscheinungen. Anlaß für diese Rheinregulierung waren Hochwasserüberschwemmungen (insbesondere in den Jahren 1845 und 1856). Deren Ursache liegt mit hoher Wahrscheinlichkeit in den Abholzungen der Wälder in den Bergländern des Rheingebietes im 18. Jahrhundert.

Dies ist ein Beispiel für Zustandsänderungen durch irreversible Prozesse, die zu einer einseitigen zeitlichen Entwicklung führen. Hat eine solche Änderung ein gewisses Maß überschritten, dann kann sie auch mit großem Aufwand seitens des Menschen nicht rückgängig gemacht werden. Der erste Schritt, der die „Kettenreaktion" auslöst, muß vermieden werden! Wurde er unbedacht gegangen, muß die „Kettenreaktion" so früh wie möglich abgebrochen werden.

Charakteristisch für derartige Prozesse ist erstens, daß der Mensch teils gewollt, teils ungewollt Naturvorgänge außerordentlich beschleunigt. Die Vertiefung des Flußbettes durch Erosion ist der irreversible Naturvorgang. Der anthropogene Einfluß beschleunigt den Prozeß zunächst um den Faktor Zehn, später um den Faktor Einhundert, schließlich auf das Tausendfache und höher. Charakteristisch ist zweitens, daß die Natur langsam, ggf. mit einer Zeitverzögerung auf den Eingriff reagiert. In einer Anfangsphase können die Vorteile überwiegen, etwa die Ableitung der Hochwässer und die bessere Schiffbarkeit des regulierten Flusses. Charakteristisch ist drittens, daß der antropogen beschleunigte Prozeß mit anderen Begleitvorgängen verbunden sein kann als der natürliche Ablauf. Die natürliche Erosion im Flußgebiet wirkt anders auf Biozönosen ein als die anthropogene Erosion eines regulierten Flusses. Die Urbanisierung mindert das Retensionsvermögen und führt daher zu Abweichungen der Abflußbildung von Naturverhältnissen (verfrühte und erhöhte Abflußspitzen). Die Industrialisierung hat den Stoffeintrag in die Oberflächengewässer auf dem Weg über die Atmosphäre nicht nur vervielfacht, sondern auch stofflich verändert. Durch die anthropogene Eutrophierung von Seen, speziell von Flachseen, dominieren planktische Blaualgen (Oscillatoria, Aphanizomenon, Microcystis, Anabena und andere Gattungen), die spezifische Wirkungen im Ökosystem ausüben: Auftreten toxischer Stämme, Ausscheidung von Bioziden und Allergenen, Fixierung und Eintrag von Stickstoff aus der Atmosphäre in das Ökosystem, Stabilisierung hoher Biomassekonzentrationen durch Koloniebildung und in „Wasserblüten". Hieraus folgt die Aufgabe, den Stoffhaushalt dieser Seen gezielt so zu beeinflussen, daß das Auftreten besonders „unerwünschter" Arten vermieden bzw. begrenzt wird, was auf die Forderung hinausläuft, die anthropogene Eutrophierung zu minimieren.

5. Irreversible Prozesse bestimmen Zustand und Entwicklung des Gewässers

Zustand und Entwicklung aquatischer Ökosysteme hängen ab von netzartig miteinander gekoppelten irreversiblen Prozessen, die teils im Inneren des Systems, teils bei dem Energie- und Stoffaustausch mit seiner Umgebung ablaufen. Die Thermodynamik irreversibler Prozesse hat erkannt, daß sich in derartigen Systemen mit dissipativen Prozessen Strukturen ausbilden können. Aquatische Ökosysteme können als dissipative Strukturen selbstorganisierender Systeme verstanden werden.

Zur Erläuterung erinnern wir daran, daß die Beschaffenheit des Boden-, Grund- und Oberflächenwassers bestimmt wird durch ein kompliziertes Wechselspiel zwischen physikalischen, chemischen und biologischen Prozessen im Wasserkörper und an seiner Berandung (vgl. Abschn. 1). Hierbei handelt es sich fast ausschließlich um irreversible Prozesse, die mit Energiedissipation verbunden sind. Viele von ihnen sind nichtlinear. Chemische Reaktionen, vor allem aber die biologischen Vorgänge verlaufen weitab vom thermostatischen Gleichgewicht. Thermodynamisch betrachtet liegt also ein „dissipatives System" vor. Es handelt sich außerdem um ein „selbstorganisierendes System", welches sich innerhalb der von äußeren Bedingungen (z.B. Lichtangebot, Temperatur, Nährstoffzufuhr) gebotenen Möglichkeiten nach inneren Gesetzmäßigkeiten entwickelt. Äußere Parameter legen Grenzen fest, innerhalb derer sich die biochemischen Prozesse in lebenden Zellen und die intrazönotischen Wechselwirkungen weitgehend selbst steuern. Auf Veränderungen der „Umweltbedingungen", zum Beispiel auf

- Erhöhung der Wassertemperatur durch Abwärme von Kraftwerken,
- Eutrophierung infolge des erhöhten Abtrages der Algennährstoffe von land- und forstwirtschaftlichen Nutzflächen,
- verstärkte Lichtextinktion durch vermehrte Zufuhr allochtoner Schwebstoffe,

reagiert das aquatische Ökosystem mit Veränderungen nicht nur der Produktionsraten, sondern auch durch Mobilisierung anderer Spezies, anderer Sukzessionen, anderer „Bahnen" der Energie- und Stoffumsetzungen im System und mit seiner Umgebung. Der Begriff der Selbstorganisation involviert, daß irreversible Prozesse, von denen der Zustand des Gewässers abhängt, auch die zeitliche Entwicklung des Ökosystems einschließlich der natürlichen Alterung steuern. Diese Entwicklung entspricht – thermodynamisch betrachtet – der Evolution dissipativer Strukturen.

Die Vielzahl der die Wasserbeschaffenheit beeinflussenden Prozesse, die Komplexität ihrer Verkettung und die Art der Reaktion des Ökosystems bedingen, daß

- die Erklärung und Prognose der Wasserbeschaffenheit wesentlich schwieriger ist als Vorhersagen von Wassermengen,

- die Gesellschaft die Wasserbeschaffenheit in wesentlich komplizierterer Weise beeinflußt als die raum-zeitliche Verteilung der verfügbaren Wassermenge,
- die Lösung von Wasserbeschaffenheitsproblemen eine breitere wissenschaftliche Basis und einen viel größeren materiell-technischen Aufwand erfordert als die Umverteilung von Wassermengen.

6. Zusammenfassung

Irreversible Prozesse spielen – wie wir an Beispielen gesehen haben – eine fundamentale und konstruktive Rolle in der Hydrosphäre und darüber hinaus im gesamten Naturgeschehen. Es wäre eine für die Hydrologie unzulässige Idealisierung, überwiegend oder sogar fast ausschließlich reversible Prozesse zu untersuchen und irreversible Vorgänge als „Sonderfälle" zu behandeln, eventuell sogar als Folge ungünstiger (Anfangs-) Bedingungen anzusehen. Überall wo wir in der Theorie hydrologischer Prozesse Gleichungen verwenden, die gegen Zeitumkehr invariant sind, müssen wir uns des groben Näherungscharakters dieser Überlegungen bewußt sein. Nicht in allen Fällen sind wir dies. Es ist zwar klar, daß turbulente Austauschprozesse nicht mit der reversiblen Wellendifferentialgleichung beschrieben werden können. Wenn wir Seiches als ungedämpfte Eigenschwingungen betrachten, wissen wir, daß wir „eigentlich" die Dämpfung hätten berücksichtigen müssen. Die Methoden der Systemhydrologie berechnen aus Eingangsgrößen (input) die Ausgangsgrößen (output). Die kritische Haltung gegenüber der Anwendung reversibler Gleichungen der Physik in der Hydrologie muß jedoch grundsätzlich und immer eingenommen werden. Denn die volle Berücksichtigung der Irreversibilität bei der Untersuchung hydrologischer Prozesse trägt der Geschichtlichkeit des Naturgeschehens Rechnung. Der Mensch kann diese einseitig gerichtete Entwicklung nicht generell aufheben. Er trägt zu ihr bei und vermag, wie wir bereits betonten, nur für wenige ausgewählte, räumlich begrenzte Objekte während mehr oder minder kurzer Zeitabschnitte diese einseitig gerichtete Entwicklung aufzuhalten oder sogar umzukehren. Jede Behebung irreversibler Vorgänge ist unvermeidbar mit Nebenwirkungen verbunden, die sich als Energieverbrauch, Aufwand an Arbeitskraft und Material sowie in der Erzeugung von Abwärme und Abstoffen äußern. In der Sprache der Thermodynamik erzeugt der irreversible Prozeß Entropie, die „exportiert" werden muß. Rationelle Energienutzung und weitgehend geschlossene Stoffströme in der industriellen und landwirtschaftlichen Produktion müssen unter anderem darauf gerichtet sein, die „Belastung" der Gewässer mit Abwärme und Abstoffen so gering wie möglich zu halten und dem Selbstreinigungsvermögen der Gewässer anzupassen. Die natürliche Reproduktion der Gewässer (nach Menge und Beschaffenheit) nicht zu beeinträchtigen, ist nicht nur ein Gebot der Naturverbundenheit, sondern zugleich eine Forderung der Ökonomie.

Die hydrologische Forschung und die wasserwirtschaftliche Praxis müssen den Zustand und die weitere Entwicklung der Gewässer in ihrer vom Menschen tiefgreifend beeinflußten geschichtlichen Entwicklung verstehen. Eine der Wissenschaftsdisziplinen, die den Aspekt der einseitig gerichteten zeitlichen Entwicklung bzw. der Geschichtlichkeit des Naturgeschehens tief in ihre Betrachtungen einbezieht, ist die Geologie. Im 19. Jahrhundert wurde der Evolutionsbegriff nahezu gleichzeitig in die Physik, die Biologie und die Gesellschaftswissenschaften eingeführt – in die Physik in Form des zweiten Hauptsatzes der Thermodynamik. Biologie und Gesellschaftswissenschaften erkannten die Hauptlinie der Evolution in Richtung auf gesteigerte Komplexität. Die Physik untersuchte zunächst einfachste abgeschlossene Systeme, insbesondere Gase, im thermostatischen Gleichgewicht und gelangte zu speziellen Aussagen über die Entropiezunahme, welche unter diesen Bedingungen mit wachsendem Strukturverlust („Unordnung") verbunden ist. Erst die Thermodynamik irreversibler Prozesse zeigte, daß und wie Strukturbildung durch dissipative Prozesse möglich ist. Der zweite Teil dieser Darlegungen ist Anwendungen der nichtlinearen Thermodynamik irreversibler Prozesse auf hydrologische Fragestellungen gewidmet.

Teil II: Grundzüge einer thermodynamischen Theorie des Zustandes und der Entwicklung von Wasserressourcen

Durch die Einbeziehung biologischer Prozesse wurde die irreversible Thermodynamik zu einer Theorie aquatischer Ökosysteme erweitert, um die Berücksichtigung des Zweiten Hauptsatzes bei der Untersuchung dieser Systeme zu gewährleisten [4, 5, 6, 7,]. Die Theorie erleichtert die Ausnutzung von Laboratoriumsmessungen für die Untersuchung komplizierter Natursysteme. Sie ermöglicht die Kopplung von Grundgesetzen der Physik, Chemie und Biologie mit kybernetischen Methoden und mit der stochastischen Betrachtungsweise. Aus einer kleinen Zahl allgemeiner Voraussetzungen können Wachstumsgesetze und andere in der Natur beobachtete Gesetzmäßigkeiten abgeleitet werden [8, 9]. Der Ausbau der Theorie ist noch nicht abgeschlossen. Hier werden nur Ausschnitte besprochen.

7. Entscheidung für eine makroskopische Theorie der Gewässerbeschaffenheit

Wir suchen den möglichst direkten Zugang zu einer „makroskopischen" bzw. „phänomenologischen" Theorie der Gewässerbeschaffenheit, weil wir einschätzen, daß die „mikroskopische Analyse" des aquatischen Ökosystems – etwa bis in intrazelluläre Vorgänge – zwar ein wichtiges Forschungsfeld ist, aber keine geeignete Ausgangsposition für eine „makroskopische" Theorie der Gewässerbeschaffenheit liefert. Es dürfte kaum möglich sein, aus einer Kenntnis der schwer überschaubaren Anzahl und Komplexität interzellulärer Prozesse rückzuschließen auf das Verhalten und die Entwicklung von aquatischen Biozönosen im Großen. Wenn es „Einfachheit" gibt – und die Wasserwirtschaft verlangt einfach handhabbare hydrologische Theorien bzw. Modelle –, dann nicht im Mikroskopischen, sondern eher in makroskopischen Darstellungen. (Auch in der Physik wäre es nicht zweckmäßig, die Gesetze der Makrophysik allein aus der Elementarteilchenphysik deduzieren zu wollen. Die seit den griechischen Naturphilosophen genährte Hoffnung auf die „Einfachheit des Mikroskopischen" hat sich nicht bestätigt.) Gewisse Kenntnisse über Eigenschaften im „Mikroskopischen" sind allerdings notwendig für die sachgemäße Berücksichtigung integraler Auswirkungen dieser „Mikroprozesse" auf das Verhalten des „Makrosystems". Zum Beispiel muß man wissen, daß Enzyme intrazelluläre Stoffumsetzungen katalysieren, wodurch die Temperaturabhängigkeit dieser Vorgänge bestimmt wird.

Sucht man nach einer „geschlossenen" makroskopischen Theorie der Gewässerbeschaffenheit, dann bietet die nichtlineare Thermodynamik irreversibler Prozesse eine geeignete Ausgangsbasis [4, 5]. Durch schrittweise Verallgemeinerung der GIBBSschen Fundamentalgleichung werden die für die Wasserbeschaffenheit wichtigsten biologischen Prozesse einbezogen. Die Prozesse im Inneren der Zellen bzw. Lebewesen werden nur summarisch hinsichtlich ihrer äußeren Wirkungen erfaßt. Für jede Spezies wird die Biomasse als Massenbruch (d.h. pro kg bzw. Liter Wasser) angegeben. Vermehrung und Wachstum der Individuen äußern sich nur in ihrer Auswirkung auf die Biomasse der Population. Bilanzgleichungen für Impuls, Energie, Masse des Gesamtsystems und Massen der chemischen Wasserinhaltsstoffe sowie der Spezies werden nach dem Vorbild der Hydro-Thermodynamik formuliert [4]. Primärproduzentenarten gewinnen aus solarer oder künstlicher Einstrahlung in begrenzten Temperatur- und Strahlungsintervallen intern chemische Energie (ATP), die sie zur Primärproduktion nutzen. Als erste Näherung wird angenommen, daß die Biomasse jeder Spezies eine „einheitliche" chemische Zusammensetzung hat, so daß man ihr eine Molmasse und ein chemisches Potential zuordnen kann. Die Theorie der ideal verdünnten Lösungen (M. PLANCK) wird nicht nur auf die gelösten oder partikulären chemischen Wasserinhaltsstoffe, sondern auch auf die Hydrobionten angewendet [7], um Entropie, freie Enthalpie und andere thermodynamische Funktionen im aquatischen Ökosystem zu bestimmen. (Auch EBELING, FEISTEL [10] verwenden diese Methode bei ökologischen Untersuchungen.) Interne Speicherung von Nährstoffen durch die Wasserlebewesen kann berücksichtigt werden.

8. Variable, Systemkomponenten, Prozesse

Die thermodynamische Theorie der Gewässerbeschaffenheit bzw. des aquatischen Ökosystems arbeitet mit folgenden Variablen:

$p, T, \varrho;\ \varrho = \sum_i \varrho_i$:	Druck, Temperatur, Massendichte an der Stelle $\vec{r}$ im Wasser zur Zeit t
$\varrho_i, \vec{v}_i$:	Massendichte und Geschwindigkeit der Komponente i ($i = 0$: Reines Wasser, $i = j = 1, 2, \ldots, J$: Chemische Stoffe, $i = k = 1, 2 \ldots, K$: Spezies der Wasserlebewesen)
$\vec{v} = \sum_i \varrho_i \vec{v}_i/\varrho$:	Schwerpunktgeschwindigkeit des Gemisches
$\vec{J}_i = \varrho_i (\vec{v}_i - \vec{v})$:	Relativgeschwindigkeit bzw. Diffusionsstromdichte
$N_j = \varrho_j/\varrho$	Massenbruch

Als „Systemkomponenten“ sind zugelassen:

a) Wasser

b) „Chemische Komponenten“: Beliebig, aber endlich viele Arten von gelösten Gasen, gelösten anorganischen Stoffen, gelösten organischen Stoffen und partikulären organischen Stoffen im Freiwasser sowie von festen Phasen (u. a. im Sediment)

c) „Biologische Komponenten“: Beliebig, aber endlich viele Spezies von Phytoplankton, Phytobenthos, Zooplankton, Zoobenthos, höheren trophischen Niveaus und Destruenten.

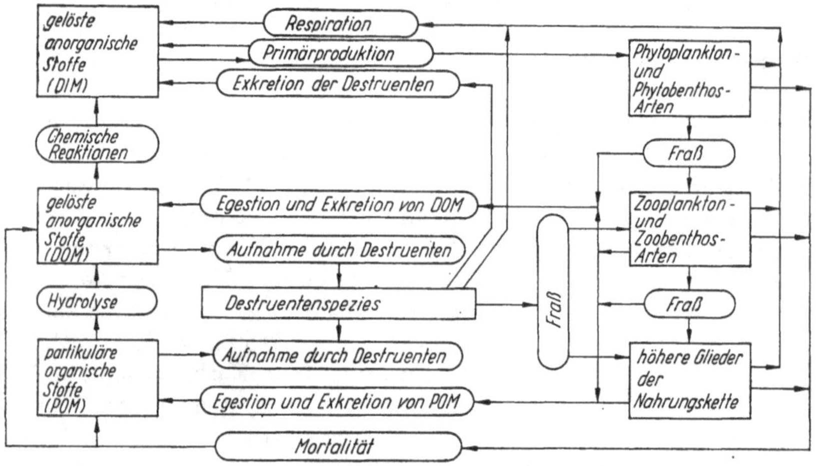

Abb. 1 Schema der Wechselwirkungen zwischen Wasserlebewesen verschiedener trophischer Niveaus und den chemischen Wasserinhaltsstoffen (Teil des in Abb. 2 skizzierten Gesamtsystems) (Lies: gelöste organische Stoffe (DOM) statt gelöste anorganische Stoffe (DOM). Beziehung: Destruentenspezies-Aufnahme durch Destruenten Pfeil verläuft in umgekehrter Richtung.)

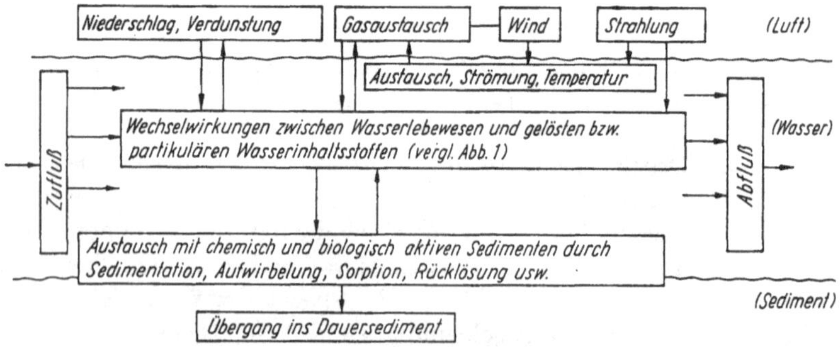

Abb. 2 Vereinfachtes Schema der Wechselwirkungen zwischen physikalischen, chemischen und biologischen Komponenten des aquatischen Ökosystems im Inneren und an den Grenzen des Systems

Diese Systemkomponenten sind netzartig miteinander verkoppelt durch Prozesse wie Primärproduktion, Respiration, Mortalität, Fraß, Egestion, Exkretion sowie durch chemische Reaktionen, Hydrolyse usw. In vereinfachter Form zeigt Abb. 1 diese Zusammenhänge. Diese Wechselwirkungen zwischen den Systemkomponenten werden beeinflußt durch physikalische Felder und Prozesse, auf die sie rückwirken. Schematisch wird dies durch Abb. 2 veranschaulicht.

9. *Entropiebilanz und lokale Entropieproduktion*

Ein Kernstück der thermodynamischen Theorie ist die Entropiebilanzgleichung, an die der „Zweite Hauptsatz" anschließt: Die lokale Entropieerzeugung ist niemals negativ. Zur Herleitung der Entropiebilanz wird der in der Thermodynamik irreversibler Prozesse [11–13] übliche Weg eingeschlagen: Die Bilanzgleichungen für Impuls, Energie und Massen aller chemischer und biologischer Systemkomponenten (welche die in den Abb. 1 und 2 skizzierten Zusammenhänge berücksichtigen) und Zusatzannahmen, die die Eigenschaften des Systems bzw. seiner Komponenten charakterisieren (vgl. Abschn. 7), werden in die GIBBSsche Gleichung eingeführt.

Als verallgemeinerte GIBBSsche Gleichung dient

$$T \frac{ds}{dt} = \frac{du}{dt} + p \frac{d\alpha}{dt} - \sum_j \mu_j \frac{dN_j}{dt} - \sum_k \left(\beta_k \frac{dB_k}{dt} + B_k \sum_n \mu_{kn} \frac{dm_{kn}}{dt} \right) \tag{1}$$

worin

s: Entropiedichte (pro Masseneinheit)
u: Dichte der inneren Energie (pro Masseneinheit)
$\alpha = 1/\varrho$: Spezifisches Volumen
μ_j, N_j: Chemisches Potential und Massenbruch der n-ten chemischen Komponente
β_k, B_k: Potential und Massenbruch der j-ten Spezies
μ_{kn}, m_{kn}: Chemisches Potential und Massenbruch des n-ten energiespeichernden Stoffes in der k-ten Spezies.

Die interne Energiespeicherung in der k-ten Spezies wird beschrieben durch eine Gleichung folgenden Typs:

$$\sum_n \mu_{kn} \frac{dm_{kn}}{dt} = a_k \, \Phi_k (T, \eta) - \lambda_{P,k} \cdot P_k + \lambda_{R,k} \cdot R_k - \psi_k(T) \, q_k, \tag{2}$$

worin

a_k: Spezifische Absorptionsrate der k-ten Spezies $[J \cdot g^{-1} \cdot s^{-1}]$
η: Energiedichte des (biologisch wirksamen) Strahlungsfeldes

$\lambda_{P,k}$, P_k: Spezifischer Energiebedarf und Rate der Primärproduktion

$\lambda_{R,k}$, R_k: Spezifischer Energiegewinn und Rate der Respiration

q_k: Pro Zeit- und Masseneinheit für innere Reproduktion, Bewegung usw. „verbrauchte" Energie

$\Phi_k(T, \eta)$, $\Psi_k(T)$: Temperaturabhängigkeit und Energieabhängigkeit der enzymatisch katalysierter Prozesse bzw. Lebensvorgänge (Abb. 3).

In der Entropiebilanzgleichung

$$\frac{\partial(\varrho s)}{\partial t} + \operatorname{div} \vec{S} = \sigma \tag{3}$$

ist die Entropiestromdichte $\vec{S}$ gegeben durch

$$\underbrace{\vec{S} = \varrho s \vec{v}}_{\text{Konvektion}} + \underbrace{\vec{W}/T}_{\text{Wärmestrom}} - \underbrace{\sum_j \vec{J}_j \mu_j/T - \sum_k \vec{J}_k \beta_k/T}_{\text{Stoffströme}} \tag{4}$$

und die lokale Entropieerzeugung durch:

$$\sigma = \underbrace{\mathrm{P} \cdot\cdot (\nabla \vec{v})/T}_{\text{Reibung}} + \underbrace{\vec{W} \cdot \operatorname{grad}(1/T)}_{\text{Wärmefluß}} + \underbrace{K\eta}_{\text{Extinktion}} +$$

$$\underbrace{- \sum_j \vec{J}_j \cdot \operatorname{grad}(\mu_j/T) - \sum_k \vec{J}_k \cdot \operatorname{grad}(\beta_k/T)}_{\text{Diffusion chemischer und biologischer Komponenten}} +$$

$$+ \underbrace{\sum_r w_r A_r/T}_{\text{chemische Reaktionen}} + \underbrace{\sum_k{}^{[1]} \varrho_k P_k A_{P,k}/T}_{\text{Primärproduktion}} +$$

$$+ \underbrace{\sum_k \varrho_k R_k A_{R,k}/T}_{\text{Respiration}} + \underbrace{\sum_k \varrho_k G_k A_{G,k}/T}_{\text{Nahrungskette}} + \cdots +$$

$$+ \underbrace{\sum_k \varrho_k q_k \Psi_k(T)/T}_{\text{Reproduktion usw.}} - \underbrace{\frac{1}{T_0} \sum_k{}^{[1]} \varrho_k a_k \Phi_k(T, \eta)}_{\text{Energie-Aufnahme}}. \tag{5}$$

Hierin bedeuten P den dissipativen Teil des Drucktensors, $\vec{W}$ die Wärmestromdichte, K den Extinktionskoeffizienten, w_r die Reaktionsgeschwindigkeit der r-ten chemischen Reaktion und G_k die Fraßraten. Ferner bedeuten A_r, $A_{P,k}$, $A_{R,k}$

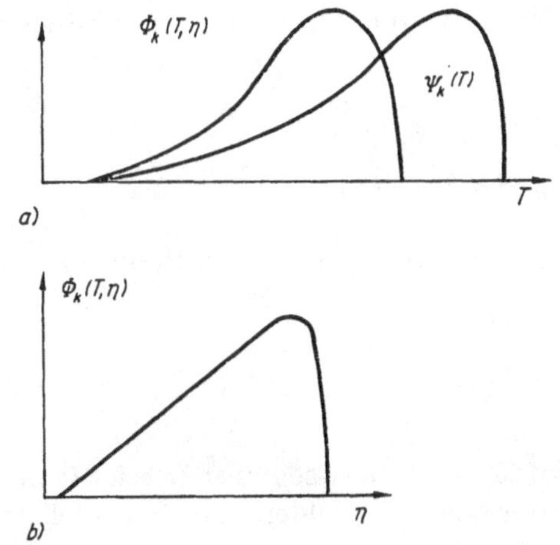

Abb. 3 Typ der Abhängigkeit enzymatisch katalysierter Prozesse von Temperatur T bzw. Strahlungsenergie η

und $A_{G,k}$ die Affinitäten der chemischen Reaktionen, Primärproduktion, Respiration usw. Zum Beispiel gelten:

$$A_r = - \sum_j \nu_{jr} M_j \mu_j, \tag{6}$$

$$A_{P,k} = \sum_j b_{jk} \mu_j \qquad - \beta_k + \lambda_{P,k}, \tag{7}$$

worin ν_{jr} die stochiometrischen Koeffizienten und M_j die Molmassen der an der r-ten chemischen Reaktion beteiligten Stoffe sind. Die Koeffizienten b_{jk} charakterisieren den Bedarf der k-ten Spezies an dem j-ten im Wasser gelösten anorganischen „Nährstoff" für die Primärproduktion ($b_{jk} > 0$) oder den Anteil der bei diesem Prozeß freigesetzten Stoffe ($b_{jk} < 0$; z.B. Sauerstoff). Ob auch für die Räuber-Beute-Beziehungen zwischen höheren trophischen Niveaus Affinitäten eingeführt werden können, muß noch genauer untersucht werden. Die Theorie kann unabhängig davon auch direkt mit den Potentialen der Spezies formuliert werden.

10. Ansätze für die Raten der Primärproduktion und Respiration

Nach den „Regeln" der Thermodynamik irreversibler Prozesse sind die „Flüsse", zum Beispiel die Raten der Primärproduktion und der Respiration, Funktionen der zugehörigen „Kräfte" sowie weiterer „Kräfte" (Kreuzeffekte): Die Primärproduktionsrate P_k hängt in erster Linie von „ihrer" Affinität $A_{P,k}/T$ und von $\Phi_k(T, \eta)$ ab. Ein linearer Ansatz

$$P_k \sim \Phi_k(T, \eta) \cdot A_{P,k}/(R_0 T) \quad (R_0\text{: Gaskonstante}) \tag{8}$$

wird aber der Nichtlinearität dieses Prozesses nicht gerecht. Exponentialansätze des Typs

$$P_k = P_k^{\max}\,[1 - \exp(-c_k \Phi_k(T, \eta) \cdot A_{P,k}/(R_0 T))], \tag{9}$$

$$R_k = R_k^*\,[\exp(c_k \psi_k(T, \eta) \cdot A_{R,k}/(R_0 T)) - 1] \tag{10}$$

lassen sich aus einem Optimalprinzip begründen. In vereinfachter Fassung lautet dieses Prinzip:

$$J = \min_X \int_{t-\tau}^{t} L(B(t - \tau), X(t'))\, dt'. \tag{11}$$

Der „Zustandsvektor" $B = \{B_k\}_1^K$ umfaßt die Biomassen aller Spezies (in der Form der Massenbrüche B_k). Die Affinitäten $X_{k,n}$ bilden den Steuervektor, wobei k die Nummer der Spezies und n die Nummer des Prozesses sei, z. B. $X_{k,1}$ für die Primärproduktion, $X_{k,2}$ für die Respiration usw. Es wird vorausgesetzt, daß die Produktionsprozesse und Destruktionsvorgänge in der Biozönose im Zeitintervall $(t - \tau) \leqq t' \leqq t$ durch den Ausgangszustand $B\,(t - \tau)$ und durch die „Steuerung" $X(t')$ während $(t - \tau) \leqq t' \leqq t$ bestimmt werden, wobei $X(t)$ u. a. von physikalischen Feldern und Konzentrationen der Wasserinhaltsstoffe abhängt. Für den „Zustandsvektor" gelten Differentialgleichungen der Form

$$\frac{dB_k}{dt} = f_k(B, X) = \sum_l \sum_n c_{kln} B_l Y_{l,n}(X), \tag{12}$$

zum Beispiel für eine Phytoplanktonart:

$$\frac{dB_k}{dt} = B_k\,(P_k - R_k - M_k) - \sum_l^{[2]} g_{lk} B_l G_l, \tag{13}$$

worin

$Y_{k,n}$: Allgemeine Bezeichnung für eine Produktions- oder Verlustrate der k-ten Spezies ($Y_{k,1} = P_k$, $Y_{k,2} = R_k, \ldots$),

M_k: Mortalitätsrate der k-ten Spezies,

$g_{lk}\,G_l$: Anteil der k-ten Spezies in der Nahrung der l-ten (Zooplankton-) Spezies,

$\sum_l^{[2]}$: Summe über die herbivoren Zooplanktonarten,

B_l, G_l: Massenbruch der Biomasse und Fraßrate der l-ten Zooplanktonspezies.

Für Minima im Inneren des zulässigen Bereiches (Zustands- und Steuerraum) folgt aus (11) als notwendige Bedingung:

$$\frac{\partial}{\partial X_{j,m}} \left[L + \sum_k \frac{\partial J}{\partial B_k} \frac{dB_k}{dt} \right] = 0. \tag{14}$$

Für L wird angesetzt (mit den Nebenbedingungen $X_{k,n} \geqq 0$):

$$L = \sum_k B_k \sum_n \left\{ \int_{X_{k,n}^{(0)}}^{X_{k,n}} [Y_{k,n}(\varkappa) - Y_{k,n}^{(0)}] \, d\varkappa. + \Lambda_{k,n} X_{k,n} \right\}. \tag{15}$$

In der Umgebung des durch $X_{k,n}^{(0)}$, $Y_{k,n}^{(0)}$ gekennzeichneten Bezugszustandes hat (15) die Eigenschaften der Entropieexzeßproduktion und (11) fordert die Minimierung dieser Größe während des Zeitintervalls der Länge τ. Der Anteil, den die Primärproduktion und Respiration des Phytoplanktons zu L beitragen, ist

$$L = \sum_k^{[1]} B_k \left\{ \int_{X_{k,1}^{(0)}}^{X_{k,1}} [P_k(\varkappa) - P_k^{(0)}] \, d\varkappa + \Lambda_{k,1} X_{k,1} + \Lambda_{k,2} X_{k,2} \right.$$

$$\left. + \int_{X_{k,2}^{(0)}}^{X_{k,2}} [R_k(\varkappa) - R_k^{(0)}] \, dx + \ldots \right\}. \tag{16}$$

Dabei setzen wir

$$P_k = P_k(X_{k,1}) \quad \text{mit} \quad X_{k,1} = \Phi_k(T, \eta) \, A_{P,k}/(R_0 T), \tag{17}$$

$$R_k = R_k(X_{k,2}) \quad \text{mit} \quad X_{k,2} = \psi_k(T, \eta) \, A_{R,k}/(R_0 T). \tag{18}$$

Mit der abkürzenden Schreibweise $c_k = (\partial J / \partial B_k)^{-1}$ gehen aus (14), (16) und (13) hervor:

$$\frac{dP_k}{dX_{k,1}} = c_k(P_k^{(0)} - \Lambda_{k,1} - P_k) \text{ und } \frac{dR_k}{dX_{k,2}} = c_k(R_k + \Lambda_{k,2} - R_k^{(0)}). \tag{19}$$

Die Ansätze (9) und (10) sind die Lösungen von (19) mit den Eigenschaften

$$P_k \geqq 0, \; P_k(0) = 0, \; R_k \geqq 0, \; R_k(0) = 0. \tag{20}$$

Eine Darlegung der Begründung für die Ansätze (9), (10) wurde in der Diskussion zu dem vorliegenden Vortrag von Herrn W. Ebeling gewünscht. Um den Rahmen dieses Beitrages nicht zu sprengen, beschränken sich dieser Abschnit und auch die im Anhang gegebenen Ergänzungen im wesentlichen auf die Behandlung der Primärproduktion und der Respiration als Beispiele für biologische Prozesse im aquatischen Ökosystem.

11. Anwendung der Theorie verdünnter Lösungen

Von Extremfällen abgesehen, liegen die Konzentrationen der pelagischen chemischen Komponenten in einem Bereich, der die Anwendung der Theorie verdünnter Lösungen (M. PLANCK) zur Bestimmung der Entropie und anderer thermodynamischer Funktionen gestattet. Die Wasserlebewesen – mindestens der unteren Trophiestufen – werden ebenfalls nach dieser Theorie behandelt [7]. Unter anderem gelten dann:

$$\mu_j = \mu_j^{(0)}(p, T) + \frac{R_0 T}{M_j} \ln \left(\frac{M}{M_j} \cdot N_j \right), \tag{21}$$

$$\beta_k = \beta_k^{(0)}(p, T) + \frac{R_0 T}{M_k} \ln \left(\frac{M}{M_k} B_k \right), \tag{22}$$

worin M die mittlere Molmasse des Systems (einschließlich des Wassers) bezeichnet. Führen wir (21), (22) und (7) in (9) ein, dann resultiert:

$$P_k = P_k^{\max} [1 - (B_k/B_k^{\max})^{c_k \Phi_k(T, \eta)}] \tag{23}$$

mit

$$B_k^{\max} = \frac{M_k}{M} \left(\prod_j x_j^{b_{jk}} \right) \cdot \exp(A_{P,k}^{(0)}/R_0 T). \tag{24}$$

In (24) wird das Produkt der Molbrüche x_j aller an der Primärproduktion beteiligten anorganischen chemischen Wasserinhaltsstoffe gebildet. $A_{P,k}^{(0)}$ ist die Standardaffinität. Das Maximum $B_k^{\max}$ der Biomasse der $k$ten Spezies unter den gegebenen physikalisch-chemischen „Umweltbedingungen" stellt eine Obergrenze für B_k dar.

Analoge Überlegungen führen für die Respiration auf

$$R_k = R_k^* [(B_k/B_k^{\min})^{q_k} - 1] \tag{25}$$

mit der Abkürzung

$$q_k = c_k \psi_k(T, \eta) = c_k \frac{\Psi_k(T)}{T/T_0} [1 + \gamma_k \Phi_k(T, \eta)] \tag{26}$$

und für die Fraßrate G_l einer Spezies herbivoren Zooplanktons auf

$$G_l = G_l^{\max} [1 - (B_l/B_{G,l}^{\max})^{g_l}]. \tag{27}$$

Die Größe g_l berücksichtigt die Effekte von Exkretion und Egestion. Es ist $0 < g_l < 1$. Die Obergrenze $B_{G,l}^{\max}$ der Zooplanktonpopulation wird durch die Biomassen der Phytoplankton-Beutepopulationen, durch Egestion und Exkretion und durch physikalische Felder, insbesondere die Temperatur, bestimmt. Im einfachsten Fall, wenn man nur je eine Phytoplankton- und Zooplanktonspezies berücksichtigt, folgt (mit $G \equiv G_l$, $Z \equiv B_l$, $g \equiv g_l$, und $B \equiv B_k$):

$$G = G^{\max} (1 - C Z^g/B). \tag{28}$$

Die Berechnung der Entropie, freien Enthalpie und anderer thermodynamischer Funktionen für aquatische Ökosysteme zeigt [7], daß Spezies mit größerer spezifischer Entropie im Artenspektrum bevorzugt auftreten. Die Entropie wird nicht nur durch die Konzentrationen der chemischen Komponenten, sondern auch von den Biomassen der Arten mitbestimmt und nimmt den kleinsten Wert für die Monokultur an.

Die Grenzwerte $B_k^{\min}$ und $B_k^{\max}$ für den Massenbruch B_k der Biomasse der k-ten Spezies hängen von Temperatur, Druck, Eigenschaften der Spezies und von den Konzentrationen von Wasserinhaltsstoffen ab (PO_4^{3-}, NO_3^-, NH_4^+, O_2, CO_2 usw.). Abb. 4 veranschaulicht qualitativ diese Abhängigkeit bei $B_k^{\max}$.

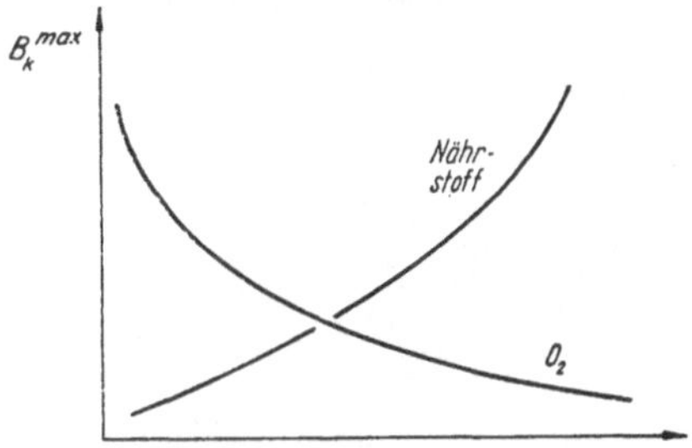

Abb. 4 Typ der Abhängigkeit des maximalen Massenbruchs $B_k^{\max}$ der Biomasse der k-ten Spezies von der Konzentration eines im Wasser gelösten Nährstoffes (z. B. Nitrat, Phosphat) bzw. von der Konzentration des Sauerstoffes im Wasser

Wir fahren in einer „qualitativen Analyse" der Funktionen (23) bis (28) fort: Die Rate der Bruttoprimärproduktion steigt mit wachsender Nährstoffkonzentration bis zu einem „Sättigungswert" an, nimmt aber mit wachsender Biomasse B_k der eigenen Art ab – um so langsamer, je höher die Nährstoffkonzentrationen und je geringer der Sauerstoffpartialdruck im Wasser sind (Abb. 5 bis 7). Die Respirationsrate (25) wächst mit zunehmendem B_k. Sie wird durch steigenden Sauerstoffgehalt des Wassers erhöht, durch wachsenden Gehalt an Respirationsprodukten im Wasser vermindert. Produktions- und Respirationsraten der Primärproduzenten zeigen unter bestimmten Bedingungen als Funktionen von Temperatur und Strahlung Optima, die auch von den Nährstoffbedingungen abhängen.

Führt man die Ansätze (23), (25) und (27) in die Massenbilanzgleichung (13) ein und vollzieht man analoge Überlegungen für höhere trophische Niveaus, dann erkennt man, daß die Nettoproduktion als Funktion der Zeit einer Verallgemeinerung der VERHULSTschen Differentialgleichung genügt. Aus den thermodynamischen Überlegungen wird man also auf logistische Wachstums-

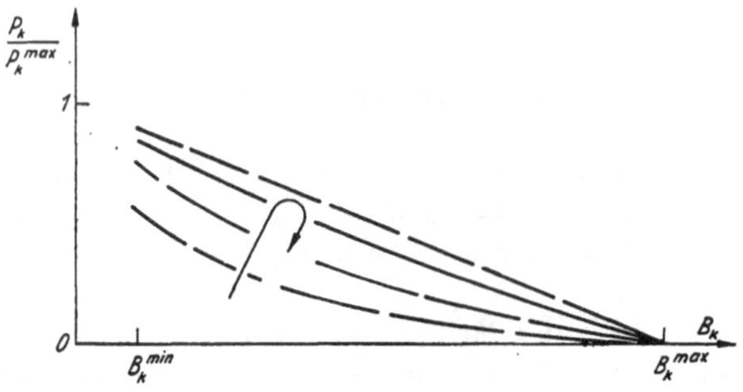

Abb. 5 Typ der Abhängigkeit der Rate der Bruttoprimärproduktion P_k von der Biomasse der betrachteten Spezies bei unterschiedlichen Temperatur- und Strahlungswerten. (Der Pfeil markiert zunehmende Werte von T und η)

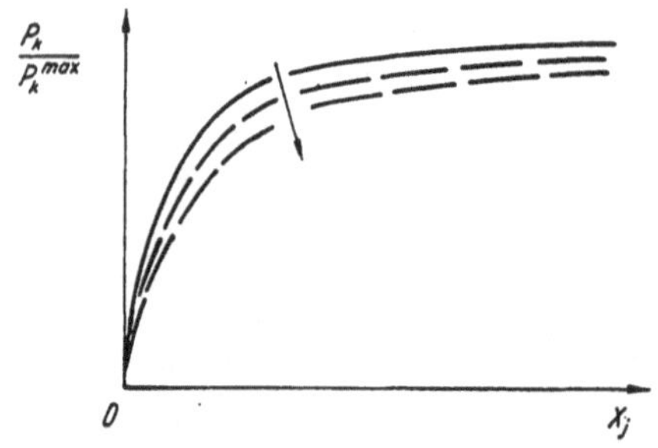

Abb. 6 Typ der Abhängigkeit der Primärproduktionsrate P_k von der Konzentration eines im Wasser gelösten anorganischen Nährstoffes (x_j: Molenbruch). Der Pfeil markiert die Zunahme der Biomasse der betreffenden Phytoplanktonspezies

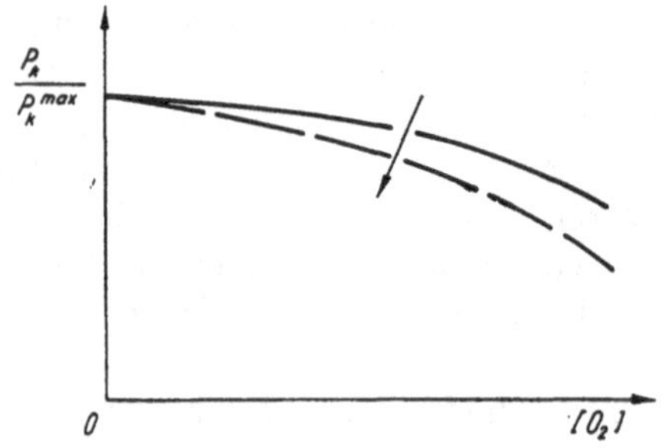

Abb. 7 Typ der Abhängigkeit der Bruttoprimärproduktionsrate P_k von der Sauerstoffkonzentration $[O_2]$ im Wasser. Der Pfeil markiert die Zunahme der Biomasse der betreffenden Phytoplanktonspezies

kurven geführt. Analytische Lösungen dieser Differentialgleichungen sind nur in sehr vereinfachten Fällen möglich [9]. Abb. 8 zeigt qualitativ den zeitlichen Verlauf der Wachstumsphase.

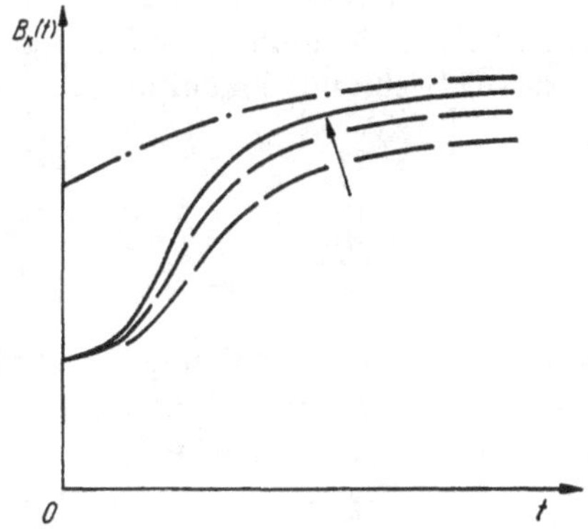

Abb. 8 Typen des Wachstumsprozesses. Massenbruch B_k der Biomasse als Funktion der Zeit t bei unterschiedlichen Anfangswerten. Der Pfeil markiert zunehmende Konzentrationen der im Wasser gelösten anorganischen Nährstoffe

Es werde daran erinnert, daß derartige Aussagen, die mindestens qualitativ mit Erfahrungen übereinstimmen – die quantitative Überprüfung ist nicht abgeschlossen –, aus den Grundannahmen der thermodynamischen Theorie gefolgert werden. Dieses prinzipielle Vorgehen, Annahmen nicht ad hoc an beliebiger Stelle der Theorie einzuführen (was in der „biokybernetischen Modellierung" oft geschieht), sondern nur in die Grundgleichungen aufzunehmen, soll bei der Weiterentwicklung der Theorie beibehalten werden. Der Ausbau der Theorie muß die natürliche Bandbreite der Biomassezusammensetzung, die verzögerte Adaptation und die Rolle der in Mikrokonzentrationen wirksamen Inhibitoren bzw. Aktivatoren und manch anderes mehr berücksichtigen, wird aber nicht darauf abzielen, die Evolution der Wasserlebewelt zu erklären, sondern die Existenz und Eigenschaften bestimmter Arten als „gegeben" betrachten. Entropieexport, Gleichgewichtsferne, Nichtlinearität und Multistabilität des Systems sind besonders zu beachten. Selbstreproduktion der Hydrobionten ist vorausgesetzt. Sukzessionen lassen sich erfassen. Mutationen und Selektion bleiben außerhalb der Betrachtungen. Kooperatives Verhalten der Teilsysteme ist ein charakteristischer Zug aquatischer Ökosysteme. Aus Gleichgewichtsferne, Nichtlinearität und Kooperativität entspringt ihre Fähigkeit zur Selbstorganisation.

Weitere derartige „allgemeine" Aussagen lassen sich aus der Thermodynamik irreversibler Prozesse bzw. aus der Theorie der Selbstorganisation [11 bis 13] auf aquatische Systeme übertragen: Kriterien für die Existenz und

Stabilität stationärer Zustände, Aussagen über die Existenz von Bifurkationen, Erkenntnisse über die Bedeutung von Fluktuationen (für die Stabilität bzw. Entwicklung des Systems, sowie als Brücke zur stochastischen Behandlung des Ökosystemverhaltens in der Nähe von Verzweigungspunkten der Lösungen), Überschießen und „falscher Start" als mögliche Verhaltensweisen, beschränkte Bedeutung des Anfangszustandes für die Entwicklung (bedingte Äquifinalität) und anderes mehr. Hierauf sei indessen an dieser Stelle nur hingewiesen.

13. Schlußbemerkungen

Die Offenheit der aquatischen Ökosysteme ist die Voraussetzung für ihre Existenz und zugleich der Grund für die irreversiblen Prozesse innerhalb der Systeme und beim Energie- und Stoffaustausch mit der Umgebung. Dieser Tatsache trägt die thermodynamische Theorie voll Rechnung. Die Randbedingungen, welche den Austausch mit der Umgebung beschreiben, wurden in diesem Vortrag aus Gründen der Zeitbeschränkung nicht behandelt.

Die Theorie beruht auf der schon von Ostwald [14] vertretenen These, daß alle biologischen Erscheinungen innerhalb der Möglichkeiten liegen, welche durch die Grundgesetze der Physik und Chemie gegeben sind, daß also diese Gesetze durch biologische Vorgänge nicht verletzt werden, daß aber andererseits diese Gesetze das biologische Geschehen nicht erschöpfend beschreiben. Unter dieser Voraussetzung werden im Rahmen der thermodynamischen Theorie der Gewässerbeschaffenheit nach dem Vorbild v. Bertalanffys [15] gesicherte Kenntnisse und Methoden der Physik und Chemie als Rahmen für die Untersuchung komplizierter physikalisch-chemisch-biologischer Prozesse in Gewässern angewendet.

Ausgehend von physikalisch-chemischen Grundgleichungen werden die biologischen Erscheinungen in einer übersichtlichen Anzahl von „Grundannahmen" eingebaut. Die schrittweise Erweiterung des Systems der Grundgleichungen um „biologische Glieder" erfolgt unter ständiger Konfrontation der aus ihnen gezogenen Folgerungen mit der Erfahrung.

Die Theorie ist geeignet, nicht nur Merkmale und Prozesse, sondern auch Strukturen in ihrer geschichtlichen Entwicklung zu erklären.

Die Theorie enthält keine Parameter ohne physikalischen, chemischen oder biologischen Sinn, die prinzipiell nur durch „nachträgliches Anpassen" an in situ gewonnene Meßreihen bestimmt werden können. Viele Aussagen, z. B. über Detailprozesse, können aus der Theorie ohne Integration oder Differentiation gewonnen werden.

Die Theorie ist anwendbar auf fließende oder stehende Oberflächengewässer und in spezialisierter Fassung auch auf das unterirdische Wasser [16]. Der Geltungsbereich der ihr zugrunde liegenden Annahmen reicht über die aquatischen Ökosysteme hinaus. Zum Beispiel könnte der exponentielle Zusammenhang zwischen Produktions- bzw. Verlustraten und Affinitäten für biologische Prozesse charakteristisch sein. FEISTEL, EBELING [17] begründen ihn auf anderem Wege.

Weil diese thermodynamischen Methoden auch geeignet sind, Vorgänge in der Atmosphäre zu erfassen, kann prinzipiell „dasselbe" Verfahren auf das System Hydrosphäre-Atmosphäre-Biosphäre zur Untersuchung globaler Probleme angewendet werden.

Bei dem weiteren Ausbau der Theorie muß insbesondere die Erfassung wichtiger Eigenschaften der Wasserlebewesen verbessert werden, etwa die Bandbreite der Biomassenzusammensetzung, der Einfluß des Spektrums der Individuengröße auf Fraßprozesse, die Auswirkung von in Mikrokonzentrationen im Gewässer auftretenden Stoffen usw.

Nur unter Ausnutzung der Erkenntnisse über selbstorganisierende Systeme und durch die Kopplung kybernetischer, thermodynamischer und stochastischer Methoden kann man hoffen, die irreversiblen Vorgänge in Gewässern tiefer zu verstehen und der Praxis seitens der Hydrologie vervollkommnete Kenntnisse in die Hand zu geben. Natürlich muß die Entwicklung der Meßtechnik, welche nicht Gegenstand des Vortrages war, mit dem Ausbau der Theorie gekoppelt werden.

Vor Volkswirtschaft und Forschung stehen große Aufgaben. Die Offenheit der aquatischen Ökosysteme, d. h. der Energie- und Stoffaustausch mit ihrer Umgebung, ist die Ursache für die Irreversibilität sowohl ihrer Entwicklung als auch der in ihnen ablaufenden Prozesse. Zur Vermeidung schädlicher irreversibler Veränderungen als Folge der starken energetischen und stofflichen Wechselwirkungen zwischen der Gesellschaft und den Gewässern müssen auf diesem Gebiet in Kooperation zwischen Naturwissenschaftlern, Technologen und Ökonomen erheblich erweiterte Kenntnisse gewonnen werden als Beitrag zur Bewahrung gesunder Wasserressourcen im Prozeß ihrer rationellen Nutzung durch die gesamte Volkswirtschaft. Alle Wassernutzer müssen gemeinsam mit der Wasserwirtschaft die gewonnenen Kenntnisse in eine bessere Nutzung der Gewässer umsetzen [18].

14. Anhang

Zur Entlastung des 10. Abschnittes von weiteren Formeln sei erst hier im Anhang darauf hingewiesen, daß die Produktions- und Verlustraten (9), (10) aus einem Potential Z abgeleitet werden können:

$$P_k = \partial Z/\partial X_{k,1},\ R_k = \partial Z/\partial X_{k,2},\ \dots \qquad (20)$$

mit

$$Z = \sum_k \frac{1}{c_k} [P_k^{\max}(\exp(-c_k X_{k,1}) - 1 + c_k X_{k,1}) +$$

$$+ R_k^* (\exp (c_k X_{k,2}) - 1 - c_k X_{k,2}) + \ldots]. \tag{21}$$

Für diese mit wachsenden Affinitäten monoton zunehmende Funktion gilt $Z \geqq 0$. Bei hinreichend kleinen Werten $X_{k,n}$ reduzieren sich (9), (10) und (21) auf

$$P_k = c_k P_k^{\max} X_{k,1}, \qquad R_k = c_k R_k^* X_{k,2}, \ldots , \tag{22}$$

$$Z = \sum_k c_k [P_k^{\max} (X_{k,1})^2 + R_k^* (X_{k,2})^2 + \ldots] =$$

$$= \sum_k [P_k X_{k,1} + R_k X_{k,2} + \ldots], \tag{23}$$

beschreibt Z also die Entropieerzeugung durch diese Prozesse. Im Anschluß an (21) folgt das Evolutionskriterium von PRIGOGINE und GLANSDORFF

$$\frac{dZ}{dt} = \sum_k \left[P_k \frac{d X_{k,1}}{dt} + R_k \frac{d X_{k,2}}{dt} + \ldots\right] \leqq 0. \tag{24}$$

Analoge Aussagen sind möglich für die Abweichungen von einem Fließgleichgewicht

$$p_k = P_k - \overline{P}_k, r_k = R_k - \overline{R}_k, \quad x_{k,n} = X_{k,n} - \overline{X}_{k,n}. \tag{25}$$

Aus (9), (10) und (20) leiten sich ab:

$$p_k = P_k^{\max} \exp (-c_k \overline{X}_{k,1}) \cdot [1 - \exp (-c_k x_{k,1})], \tag{26}$$

$$r_k = R_k^* \exp (c_k \overline{X}_{k,2}) \cdot [\exp (c_k x_{k,2}) - 1], \tag{27}$$

$$z = \sum_k \frac{1}{c_k} \{P_k^{\max} \exp (-c_k \overline{X}_{k,1}) [\exp (-c_k x_{k,1}) - 1 + c_k x_{k,1}]$$

$$+ R_k^* \exp (c_k \overline{X}_{k,2}) \cdot [\exp (c_k x_{k,2}) - 1 - c_k x_{k,2}] + \ldots\} \tag{28}$$

$$z \geqq 0, \frac{\partial z}{\partial x_{k,1}} = p_k \geqq 0, \frac{\partial z}{\partial x_{k,2}} = r_k \geqq 0, \ldots . \tag{29}$$

Speziell für hinreichend kleine $x_{k,n}$ folgt analog zu (22), (23):

$$z = \sum_k [p_k x_{k,1} + r_k x_{k,2} + \ldots], \tag{30}$$

korrespondiert z also mit der Exzeßentropieproduktion. Im Anschluß an (26) bis (29) folgt die Stabilitätsbedingung

$$\frac{dz}{dt} = \sum_k \left[p_k \frac{d\,x_{k,1}}{dt} + r_k \frac{d\,x_{k,2}}{dt} + \ldots \right] \leqq 0. \tag{31}$$

Die Funktion z kann als *Ljapunov*-Funktion dienen.

Auf eine ausführlichere Behandlung und Interpretation dieser Gleichungen wird an dieser Stelle verzichtet. Eine mit z eng verwandte Funktion haben, R. Feistel und W. Ebeling [17] für ein Lotka-Volterra-System abgeleitet, indem sie die mit Änderungen der Individuenzahlen verbundene Entropieproduktion untersuchten.

Literatur

[1] Wolff, W. J.: The degradation of ecosystems in the Rhine. In: M. W. Holdgate, M. J. Woodman (Eds.), The Breakdown and Restoration of Ecosystems, Plenum Press, New York/London 1978, p. 169–191.

[2] Avakan, A. B., W. S. Kaminskij, L. N. Falkovskaja-Černševa: Quellen des Eintrages biogener Stoffe in große Gewässer am Beispiel des Ivankover Stausees. In: Anthropogene Eutrophierung natürlicher Gewässer (russ.), Akad. Nauk SSSR, 1977, Teil 2, S. 259–264.

[3] Lauterborn, R.: Die geographische und biologische Gliederung des Rheinstroms, Teil II, Sitzber. Heidelberger Akad. Wiss., 1917, 1–16.

[4] Mauersberger, P.: On the theoretical basis of modelling the quality of surface and subsurface waters, IAHS-AISH Publ. No. 125 (1978) 14–23.

[5] Mauersberger, P.: On the role of entropy in water quality modelling, Ecol. Modelling **7** (1979) 191–199.

[6] Mauersberger, P.: Anwendung der Thermodynamik irreversibler Prozesse in der Theorie aquatischer Ökosysteme (russ.), Acta hydrophys. **25** (1980) 111–128.

[7] Mauersberger, P.: Entropie und freie Enthalpie im aquatischen Ökosystem, Acta hydrophys. **26** (1981) 67–90.

[8] Mauersberger, P.: Ergebnisse der Thermodynamik aquatischer Ökosysteme, Gerlands Beitr. Geophys. **89** (1980) 339–341.

[9] Mauersberger, P.: Logistic growth laws for phyto- and zooplankton, ISEM-Journal (im Druck).

[10] Ebeling, W., R. Feistel: Physik der Selbstorganisation und Evolution, Akademie-Verlag, Berlin (im Druck).

[11] Glansdorff, P., I. Prigogine: Thermodynamics of Structure, Stability and Fluctuations, Wiley, London/New York/Sydney/Toronto, 1971.

[12] Ebeling, W.: Strukturbildung bei irreversiblen Prozessen, Teubner, Leipzig 1976.

[13] Nicolis, G., I. Prigogine: Selforganization in Nonequilibrium Systems, Wiley, London/New York/Sydney/Toronto 1977.

[14] Ostwald, W.: In Ostwalds Klassiker d. exakten Wiss., Bd. 257, herausg. v. H. Berg, Akadm. Verlagsges., Leipzig 1978, S. 2.

[15] Bertalanffy, L. v., W. Beier, R. Laue: Biophysik des Fließgleichgewichtes, 2. Aufl., Akademie-Verlag, Berlin 1977.

[16] Mauersberger, P.: Die Thermodynamik irreversibler Prozesse als Bindeglied zwischen der deterministischen und der stochastischen Theorie von Transport- und Stoffumwandlungsprozessen im Grundwasser, Vorträge auf der wiss. Konferenz Simulation gekoppelter Transport-, Austausch- und Umwandlungsprozesse im Boden- und Grundwasser, Dresden 7.–8. 11. 1979, S. 95–112.

[17] Feistel, R., W. Ebeling: On the thermodynamics of irreversible processes in ecosystems, Studia biophysica **86** (1981) 237–244.

[18] Lauterbach, D.: Einige aktuelle Aufgaben der Wasserbewirtschaftung, abgeleitet aus der Erhöhung der Intensität der Wassernutzung, Symposium 1 der wiss.-techn. Konferenz der Wasserwirtschaft, Leipzig, 18.–21. 6. 1980, Inst. f. Wasserwirt./ Forschungszentrum VEB Kombinat Wassertechnik, Projektierung Wasserwirtschaft, S. 23–33.

ISSN 0138—3956

FSC
www.fsc.org
MIX
Papier | Fördert gute Waldnutzung
FSC® C083411

Kolibri 360 GmbH
Ferdinand-Jühlke-Straße 7
99095 Erfurt, Deutschland
produktsicherheit@kolibri360.de